Jean Fleury

La Question des égouts

Étude

ISBN : 978-1721144990

10 9 8 7 6 5 4 3 2 1

Jean Fleury

La Question des égouts

Étude

Table de Matières

Section I.

Amenées dans la ville par les magnifiques aqueducs de la Dhuis, de la Vanne et bientôt de l'Avre, et consacrées aux usages multiples de l'habitation, ou bien pompées dans la Seine pour le service de la voie publique et les emplois industriels, toutes ces eaux se sont promptement souillées. Il faut les éloigner en toute hâte. Leur volume annuel n'est pas moindre, en ce moment, de 162 millions de mètres cubes. C'est une moyenne journalière de 455,000 mètres cubes ; plus de 5 mètres 1/2 par seconde. Beaucoup de rivières n'ont pas en tout temps un pareil débit, et nous avons vu qu'une très prochaine augmentation s'imposait [1]. Il faut aussi se débarrasser de la pluie. L'eau du ciel, en ruisselant sur nos toits et nos pavés, perd bien vite sa pureté. Le climat de Paris est essentiellement incertain. Tous les quartiers ne reçoivent pas la même quantité de pluie. La Monnaie en a plus que Ménilmontant ou Vaugirard. Les mois d'été en fournissent plus que ceux d'hiver, quoique le nombre de jours de mauvais temps soit à peu près le même dans les deux saisons [2]. En résumé, la quantité de pluie tombée sur Paris en un an équivaut à peu près à une couche d'eau de 489 millimètres d'épaisseur, épandue sur les 7,802 hectares de la superficie de la ville, supposée pour un instant parfaitement horizontale. C'est un volume de 38 millions de mètres cubes. Si la pluie tombait régulièrement chaque jour, on en aurait un volume quotidien de 104,000 mètres. Mais il n'y a en moyenne que 120 jours de pluie par an, et qui sont loin de se ressembler. Tantôt ce sont des bruines légères qui mouillent à peine le sol, sans y produire de ruissellement ; tantôt, mais rarement, de violentes averses, d'assez courte durée, s'épanchent en cataractes, qui en une demi-heure représentent quelquefois plus de 100,000 mètres cubes. Quoi qu'il en soit, réunies aux eaux des deux distributions, celles de la pluie forment un volume annuel d'environ 200 millions de mètres. L'édilité, toutefois, n'a pas à prendre souci de leur masse entière. Une partie s'évapore spontanément : l'ébullition ménagère ou industrielle en renvoie aussi quelque peu aux nuages. Puis, si le dallage de nos trottoirs, l'asphalte comprimé, les pavés en bois, et le béton, qui forme l'infrastructure de certaines de nos modernes chaussées, sont à peu près imperméables, les joints du pavage ordinaire, le macadam lui-même, et surtout les sols de nos jardins et des promenades, se laissent facilement pénétrer. Une partie des eaux de la surface va s'unir aux nappes liquides du sous-sol parisien. C'est, — une expérience prolongée le constate, — le quart, à peu près, du volume total qui disparaît ainsi. Il n'en reste pas moins à expulser une quantité annuelle de 150 millions de mètres cubes, avec cette circonstance aggravante que le volume en varie d'une saison à l'autre, d'un jour au suivant, et n'est pas le même aux divers instants de la journée. Sans parler de l'irrégularité de la pluie, les eaux du service public, abondantes le matin, rares pendant le jour, s'arrêtent à peu près complètement quand arrive la nuit ; l'afflux de celles de l'industrie n'a lieu qu'aux heures d'activité des ateliers ; et les eaux ménagères s'écoulent, irrégulières et intermittentes, principalement au moment où le Parisien fait sa toilette, ou après qu'il a pris ses repas. — En juillet, la quantité d'eau distribuée dépasse, à certains jours, 500,000 mètres cubes ; elle est, en janvier, à peine supérieure à 300,000. En fait, on peut dire que le volume journalier moyen des eaux à expulser est ordinairement, aujourd'hui, de 400,000 mètres cubes, avec des variations fréquentes de 100,000 à 150,000 mètres cubes en plus ou en moins ; exceptionnellement, quand, en été, un orage coïncide avec un maximum de consommation, ce volume peut atteindre 600,000 mètres cubes.

Aux souillures de la voie publique et des nombreux édicules qui l'encombrent, pour la plus grande commodité des passants imprévoyants ou surpris, à ces eaux qu'on appelle ménagères et qui sortent des cuisines, des toilettes et des buanderies parisiennes, chargées de graisses et de savon, à celles rejetées par les nombreuses industries réputées insalubres, qui s'exercent dans près de 4,000 établissements situés à l'intérieur de la ville, à ce qui s'écoule des vacheries, des écuries, des marchés, des abattoirs, à toute cette fange s'ajoutent, pour composer l'eau d'égout, les résidus de ce merveilleux laboratoire qui s'appelle le corps humain. Non que tout aille aujourd'hui à l'égout, ni même qu'on puisse espérer que les humiliants déchets des 2 millions et demi d'existences entassées dans Paris puissent en être totalement éloignés, par la voie de l'égout, dans un avenir prochain. Actuellement, la Salpêtrière, les Invalides, l'École militaire, quelques autres établissements publics, et seulement 3,000 maisons, à peu près, sur 85,000 jouissent ouvertement de cet avantage. D'autres se le procurent plus ou moins hypocritement au moyen d'appareils mobiles, infidèles dépositaires de ce qu'on leur confie. Le nombre des maisons qui recourent à ce subterfuge s'accroît chaque année. Il est aujourd'hui déplus de 21,000. Dans les autres, où se pressent peut-être les trois quarts de la population, continue à subsister le mode barbare de l'emmagasinement dans les fosses. Si quelque nouveau Diable boiteux venait à soulever non plus seulement les toits des maisons, mais les maisons elles-mêmes, il montrerait à nos regards offensés 60,000 cloaques où, plus mornes que l'Averne, d'immondes amas croupissent et fermentent :

.... talis sese halitus atris

Faucibus effundens supera ad couvexa ferebat.

Une aération forcément insuffisante, la concentration, et surtout la stagnation y sont favorables à la pullulation des ferments morbides, dangereuses semences des plus redoutables contagions. Les tuyaux d'évent les répandent dans l'atmosphère en vivantes poussières, souvent avec d'insupportables odeurs. Par les inévitables fissures d'une maçonnerie qui est rarement étanche, quoi qu'on fasse, ils pénètrent dans le sol environnant, s'y propagent, réserves toujours mobilisables de l'invasion épidémique. Les procédés d'extraction et de transport ont été perfectionnés autant que possible ; ils n'en restent pas moins des opérations tout au moins désagréables, souvent et à bon droit suspectes d'insalubrité. L'industrie enfin ne peut travailler ces hideux produits qu'en incommodant le voisinage dans un rayon assez étendu ; elle n'en traite d'ailleurs économiquement que la partie la plus riche en ammoniaque : et ses dépotoirs, souvent combles, envoient leur superflu se perdre dans la Seine.

Le maintien de ce système arriéré est pour tous les hygiénistes l'une des principales causes de la fréquence et de l'intensité à Paris de certaines maladies dues aux ferments, et pour cela appelées *zymotiques* : telles sont la fièvre typhoïde et la diphtérie qui font chaque année chez nous plus de victimes que partout ailleurs.

On demande la suppression de ce procédé répugnant et inhumain. Suivant une formule qu'il ne faut pas se lasser de répéter, on pose comme condition nécessaire de tout assainissement, l'écoulement sans stagnation possible et le rejet au loin, avant toute fermentation, des matières impures et des eaux usées de la vie et de l'industrie. C'est le *tout à l'égout*.

Nouveauté en France et nouveauté qui, en dehors des milieux scientifiques, se heurte encore à beaucoup de scepticisme, de préjugés, et peut-être de mauvais vouloir, cette méthode d'assainissement est depuis plus de vingt ans adoptée par nombre de grandes villes des deux mondes. Londres, qui en jouit depuis longtemps, perd par la fièvre typhoïde 2 ou 3 habitants seulement sur 10,000. Bruxelles en perdait autrefois 10 à 11. Le tout à l'égout s'y établit en 1871. La mortalité typhoïdique tombe aussitôt à 4, descend ensuite à 3. A Francfort, elle est de 9 avant, de 3 après. A Berlin, l'état sanitaire était déplorable avant la dernière guerre ; le coefficient de la mortalité générale s'élevait à 377 pour 10,000 habitants ; après 1871, il atteignait jusqu'à 391. On entreprend en 1875 les travaux d'assainissement, établis sur le principe du tout à l'égout et de l'épuration par l'irrigation : on les poursuit avec méthode et activité ; la mortalité suit une marche progressivement décroissante : elle arrive à 272. Quant à la mortalité spéciale à la fièvre typhoïde, elle était de 5 avant les travaux ; ceux-ci la font baisser de moitié. — Les hygiénistes berlinois ont même poussé leurs investigations statistiques jusqu'à un détail qui présente un intérêt tout particulier. Il en résulterait en effet que le fléau s'atténuait rapidement dans les maisons reliées aux égouts publics ; qu'il gardait au contraire toute sa virulence dans celles qui ne pouvaient pas encore jouir de cet avantage. Les cas typhoïdiques étaient, en effet, cinq fois plus fréquents dans ces dernières que dans les autres.

Les révélations les plus démonstratives peut-être nous viennent d'Angleterre, où l'assainissement a été, depuis l'année 1875, l'objet de mesures générales s'étendant à tout le pays. Presque toutes les villes sont aujourd'hui pourvues du tout à l'égout et cette amélioration s'étend progressivement des villes aux bourgades, de celles-ci aux villages. Qu'est-il arrivé ? — Dans la période de 1861 à 1870, on constatait par 10,000 habitants, 225 décès, dont 9, à peu près, dus à la fièvre typhoïde et 34 aux autres maladies zymotiques. — Dans la période décennale de 1880 à 1889, la mortalité générale n'est plus que de 191 [3], dont seulement 2 et demi au compte de la fièvre typhoïde et 22 à celui des autres affections zymotiques. Comme résultat final, la conséquence immédiatement apparente de l'assainissement est d'avoir, dans une période de dix années, conservé la vie à près d'un million de sujets de la couronne britannique. La chose en vaut la peine.

A Paris, au contraire, la mortalité générale se tient au taux élevé de 255. Les chiffres de la fièvre typhoïde ont été de 8 et de 7,5. Ils descendent quelquefois à 5,8. Mais ils se relèvent jusqu'à 9. C'est plus que partout ailleurs. Ces chiffres sont concluants [4]. Ils se présentent en trop grand nombre et avec une concordance trop persistante pour qu'on puisse suspecter la rigueur des inductions auxquelles ils conduisent.

Il est bien entendu, — je demande la permission de le faire remarquer, — qu'on ne doit pas attribuer au tout à l'égout le mérite exclusif des améliorations dont ces chiffres sont la preuve. Le tout à l'égout est, si l'on veut, la partie principale de l'assainissement. Mais, à lui seul, il ne la réalise pas tout entière. On se rend compte, en effet, qu'une population qui, après avoir l'adopté, continuerait, par une étrange inconséquence, à boire des eaux contaminées, risquerait fort de n'obtenir aucune amélioration appréciable. Il en serait de même, inversement, — comme cela a lieu à Paris, — si, après avoir assuré l'eau potable, on conservait, quant aux immondices, les procédés barbares encore en usage aujourd'hui. Prenons un exemple. Le germe de la fièvre typhoïde se développe de préférence dans les immondices stagnantes et en fermentation. Mais il a dû y être d'abord amené, et s'il s'y trouve, c'est que les habitants l'ont d'abord ingéré en buvant des eaux contaminées. Par un inévitable retour, « si ces germes funestes existent dans l'eau, c'est que celle-ci a subi des souillures, sans avoir été ensuite convenablement purifiée. L'assainissement, pour être efficace, comporte donc simultanément, et de la façon la plus nécessaire, l'adduction d'eaux pures et l'entraînement sans stagnation, sans possibilité de fermentation, de tout ce qui pourrait être favorable à la culture du dangereux microbe. Ces deux conditions sont réalisées dans toutes les villes qui, comme celles que nous citions tout à l'heure, ont véritablement voulu être assainies. Nous avons ici même [5] montré que la qualité de l'eau potable distribuée à

Paris ne laisse rien à désirer. On peut seulement, — on pourra surtout dans un avenir peu éloigné, — lui reprocher de n'être pas suffisamment abondante. En ce qui touche l'autre partie du problème de l'assainissement, — puisqu'il résulte de ce que nous disions, il y a un instant, qu'entre l'amélioration de la santé publique et l'éloignement des rebuts de la vie, il y a une étroite corrélation, — puisque le tout à l'égout doit, chez nous, comme il le fait de l'autre côté de la Manche, épargner un si grand nombre d'existences, hâtons-nous de le mettre en pratique. La vie humaine n'est-elle pas un trésor dont il convient de ne pas laisser perdre une parcelle, alors surtout que la population française est menacée de décroissance ? N'avons-nous pas d'ailleurs un réseau d'égouts qu'on proclame admirable ?

Section II.

Nos pères, de mœurs moins raffinées, plus ignorants aussi des lois de l'hygiène, ont pendant longtemps pris assez peu de souci de cette question, si grave pour nous, de l'évacuation des eaux usées. Si, dès l'époque de Tarquin l'Ancien, il y eut à Rome de grandioses égouts, dont la *cloaca maxima* reste comme un imposant souvenir, c'est seulement à la fin du XIVe siècle que le célèbre prévôt des marchands, Hugues Aubriot, l'ami malgré lui des terribles maillotins, fit voûter le cloaque où s'accumulaient les ordures des halles. Beaucoup plus tard, sous Henri IV, un autre prévôt des marchands, François Miron, fit recouvrir l'égout du Ponceau qui roulait ses fanges entre la rue Saint-Denis et la rue Saint-Martin. Donnant un exemple toujours trop peu suivi, ce généreux magistrat paya de ses deniers les dépenses de cette utile construction. Chaque période, chaque règne, ajouta quelques tronçons épars à cette œuvre à peine commencée. Sous Louis le Grand, il n'y avait encore que deux kilomètres d'égouts couverts. En 1824, le docteur Parent-Duchâtelet, l'un des premiers que préoccupa l'hygiène morale et physique de la capitale, n'en trouvait à mesurer que 37 kilomètres. Le roi Louis-Philippe fit plus. C'est sous son règne que les premiers collecteurs de la rive droite, remplacés depuis par les constructions grandioses que nous connaissons, furent établis et conduits jusqu'à la Seine. Un premier plan de branchements secondaires fut arrêté, mais ne reçut qu'un commencement d'exécution. On a pu voir encore, au milieu de ce siècle, les eaux sales de toute provenance circuler librement sur la voie publique, pour se rassembler dans le ruisseau unique, ménagé au milieu de la chaussée, et d'où chevaux et voitures faisaient jaillir, au grand dommage des boutiques et des passants, d'innombrables éclaboussures. Plus d'un d'entre nous, dans sa jeunesse, a pu dire ce que disait déjà Boileau :

Guénaud, sur son cheval, en passant m'éclabousse, Et n'osant plus paraître en l'état où je suis, Sans songer où je vais, je me sauve où je puis.

Le choléra de 1832, celui de 1849, comparables en leurs meurtriers ravages aux pestes célèbres du moyen âge, donnèrent de cruelles, mais utiles leçons à la population parisienne et à ses gouvernants. On commença à comprendre intuitivement, peut-être, que le meilleur moyen de combattre les fléaux était de les prévenir par l'hygiène et la propreté. Un décret de 1852, presque contemporain de celui relatif aux canalisations d'eau, prescrivit la construction des trottoirs, la peinture des façades, et prohiba l'écoulement à ciel ouvert des eaux pluviales et ménagères. C'était poser le principe d'un réseau souterrainement parallèle à celui des voies publiques, et devant servir à l'accomplissement de ces fonctions humiliantes, mais nécessaires de l'organisme, que la cité a, comme le citoyen, le devoir et l'instinct de dissimuler aux yeux. La distribution des eaux pures, l'éloignement des eaux souillées, furent ainsi, par un enchaînement naturel, entrepris au même moment et sous les mêmes inspirations. Belgrand mit au service de ces grandes œuvres l'ardeur de conception et la rapidité de décision qui le caractérisaient, et son inspiration se retrouve encore dans ce qui s'est fait depuis lui. Progressivement, on est arrivé à la situation actuelle, et l'on peut dire que l'œuvre voulue en 1852 est aujourd'hui à peu près accompli. Un vaste réseau d'égouts s'étend sous toute la ville.

Partant de la façade de chaque maison, un tronçon de galerie souterraine, — ce qu'on appelle un branchement particulier, — vient déboucher dans l'égout public, situé au milieu de la rue, quand celle-ci est de largeur ordinaire, sur chacun des côtés dans les grandes voies. C'est d'abord l'égout direct ou primaire, qui prend naissance au point le plus haut de la rue et en suit la pente jusqu'à la rencontre de l'égout secondaire circulant sous la rue transversale. Le secondaire va au tertiaire ; le plus souvent celui-ci se ramifie sur un autre, et ainsi de suite jusqu'à ceux qu'on appelle collecteurs secondaires ou égouts principaux, branches maîtresses de ces troncs majestueux qui sont les grands collecteurs. De ceux-ci chaque rive a le sien. Celui de droite part du Châtelet, suit les quais jusqu'à la place de la Concorde, et de là, remontant vers la Madeleine, s'enfonce sous les hauteurs de Monceau pour arriver, presque en droite ligne, jusqu'à la Seine, en face d'Asnières. C'est un spacieux tunnel de 4m,40 de hauteur sous la clef de voûte, de 5m,60 de large. Deux banquettes y règnent le long d'une cunette, véritable lit de rivière large de 3m,50, profonde de 1m,35. De dimensions un peu plus modestes, le collecteur de la rive gauche, après avoir suivi l'ancien tracé de la Bièvre qu'il absorbe tout entière, suit les quais jusqu'au pont de l'Aima, franchit la Seine par un siphon et vient rejoindre le collecteur de la rive droite au-delà de Levallois, à peu de distance de son débouché. Leur développement est sensiblement de 17 kilomètres. Leurs flots réunis portent ainsi à Clichy les quatre cinquièmes environ des eaux souillées de Paris. Le surplus, provenant des hauteurs de Ménilmontant, de Belleville et de la Villette, est recueilli par le collecteur départemental, qui sort de Paris sous la porte de la Chapelle. Celui-ci reçoit en route la Rigole, spécialement infecte, de Bondy, les eaux résiduaires de Saint-Denis et des fabriques qui transforment en sulfate d'ammoniaque une partie de ce qui ne va pas encore à l'égout. Après un parcours de 11 kilomètres, il se jette dans la Seine en face de Villeneuve-la-Garenne. Le réseau des affluents représente 885 kilomètres, plus que la distance de Paris à Marseille. Les branchements particuliers mis bout à bout formeraient un long conduit de près de 400 kilomètres. Chaque année, il s'en ajoute quelque peu, tantôt 15, tantôt 20 kilomètres. Toutefois, on peut considérer l'œuvre de Belgrand comme accomplie dans son ensemble.

C'est ainsi que, dans la nature, on voit d'abord un mince filet d'eau formé de quelques gouttelettes de pluie, cheminer en serpentant sous les mousses de la forêt, se réunir à un voisin, puis à un autre encore, arriver à être le ruisselet, qui court murmurant doucement sur son lit de blancs cailloux, devenir ensuite ruisseau, puis rivière, fleuve enfin roulant vers la mer la masse imposante des eaux recueillies dans toute l'étendue du bassin. Mais l'analogie s'arrête là. Sage et économe de ses moyens, la nature proportionne le lit à l'importance du cours d'eau qui va l'occuper. Celui du ruisselet n'est qu'une rainure, à peine appréciable, sur le sable du coteau ; le ruisseau ne s'ouvre que le chemin utile au débit de ses naissantes eaux ; la rivière, le fleuve, élargissent progressivement leurs bords à mesure que de nouveaux affluents leur apportent de nouveaux tributs, ils conservent ainsi la vitesse nécessaire à leurs flots pour transporter jusqu'à la mer l'alluvion dont ils sont chargés. Les cours d'eau qui contreviennent à cette loi de proportion sont bientôt obstrués et transforment leurs estuaires en de déplorables marécages. Les égouts de Paris ne procèdent pas d'une conception aussi simple, et l'art a prétendu y surpasser la nature. On a demandé à l'égout des services multiples. Être seulement l'émissaire des eaux impures est trop peu pour lui. Il faut d'abord qu'en outre il reçoive les boues et les sables provenant de la chaussée. On voulait, en effet, supprimer le tombereau, où, jusqu'alors, on chargeait à la pelle ces encombrants déblais amoncelés en tas par le balayage sur le bord des voies publiques. L'opération était, il est vrai, incommode et désagréable aux passants, onéreuse pour la ville. L'égout dut s'en charger. Mais ces débris des chaussées représentaient encore, il y a douze ans, un volume annuel de plus de 100,000 mètres cubes. La substitution du pavage en bois au macadam dans nos quartiers luxueux en a peut-être diminué l'importance. Pas d'une façon bien sensible, probablement, car si, en 1880, il y avait 1,800,000 mètres carrés de chaussées empierrées, il y en avait encore 1,510,000 en 1889. La substitution s'est donc opérée sur le pied de 30,000 mètres carrés par an : elle n'intéresse jusqu'à présent qu'un sixième de la superficie macadamisée, et n'a pas dû diminuer de beaucoup le cube des déblais projetés aux égouts.

L'eau, même si elle était prodiguée à torrents, ne peut faire cheminer ces matériaux, dont la densité est relativement considérable. Ils se déposent au fond des cunettes, y forment des amas, des bancs, en quelque sorte, qui deviennent des obstacles croissons à la libre circulation des eaux. La nécessité de curages fréquents s'impose, entraînant alors l'obligation de donner aux égouts des dimensions suffisantes pour le passage des ouvriers chargés de ce travail.

On était encore conduit à cette même conséquence par le désir, nourri au début du projet, d'utiliser le branchement particulier lui-même, pour l'enlèvement discret et dissimulé de certains récipients, et en particulier, de ces écœurantes ordures qui, à cette époque, dès la nuit venue, s'entassaient, répugnantes et fétides, devant chaque porte. Une modeste et utile réforme, trop critiquée au début, a depuis quelques années heureusement atténué ce qui était plus qu'un désagrément. La boîte quotidienne, qu'aujourd'hui le passant matinal frôle en se détournant, conserve pour l'histoire le nom de l'administrateur bien avisé qui en prescrivit l'emploi. C'était déjà à une mesure d'un genre comparable que le préfet Rambuteau devait l'immortalité. La gloire pousse sur tous les terrains : elle n'a pas plus d'odeur que l'argent de l'empereur Claude. C'est un service, digne de souvenir, que d'avoir protégé la décence et la propreté des rues, amélioré en quelque chose la salubrité de la ville, et, qui sait ? prolongé peut-être, ne fût-ce que de quelques minutes, la durée de la vie moyenne.

On avait renoncé, il est vrai, avant même de l'avoir essayé, à faire toutes ces manipulations par le branchement particulier. Celui-ci, cependant, n'en a pas moins conservé ses dimensions. L'égout primaire, dans lequel il débouche, est, comme lui, assez haut et assez large pour donner passage aux ouvriers. Il en faut, en effet, nous l'avons dit, pour le curage, et il en faut un grand nombre. Il en faut encore pour poser, vérifier, entretenir et les conduites d'eau, et les fils des télégraphes et ceux des téléphones, et les tubes pneumatiques de l'administration des postes, qui ont trouvé logement dans ces larges galeries. Celles-ci sont ainsi devenues de véritables voies souterraines, où circule à l'aise un peuple actif et nombreux.

Rendues aptes à tant d'emplois, sont-ce cependant encore des égouts ? Oui, sans doute.

Leur partie inférieure est toujours la cunette où se déversent les liquides impurs de la voie publique et des habitations. Mais, commandées par celles de l'ouvrage principal, les dimensions des cunettes sont excessives. Les plus étroites, — celles des égouts primaires, — ont au moins 0m,40 de large et 0m,20 de creux. Les quelques litres d'eau ménagère qui, de temps à autre, y sont projetés, ne peuvent les remplir. Ils s'y étalent en une couche mince, dont la vitesse se transforme en un lent ruissellement, impuissant à vaincre la viscosité de l'impur liquide ; bientôt il s'arrête, stagnant et coagulé. Les fermons s'en emparent : des germes morbides s'y développent ; des odeurs écœurantes s'en dégagent.

Une ou deux fois par jour, le lavage intermittent de la chaussée jette, il est vrai, dans l'égout des flots d'eau qui servent à la nettoyer momentanément. Puis, dira-t-on, il pleut quelquefois ; les averses sont un bienfait. Mais c'est là une ressource précaire et incertaine, — intermittente, en tout cas, comme la précédente ; elle combat mal la stagnation des eaux ménagères dont l'épandage sur le radier de l'égout se produit continuellement, à toute minute, par émissions isolées, chacune de peu d'importance. D'ailleurs, l'orifice par lequel les eaux de la chaussée pénètrent dans l'égout, — la bouche sous trottoir, comme on l'appelle, — est forcément placée au milieu ou à l'extrémité inférieure de la rue et, par conséquent, de l'égout lui-même. Les eaux qui s'y précipitent n'atteignent donc ni la partie supérieure de l'égout primaire, ni les branchements particuliers. Dans ces portions privées de tout lavage, la fermentation putride se développe tout à son aise. Le mal est plus grand aussi dans tous ceux de ces égouts qui, par suite de la configuration du sol, n'ont que peu ou pas de pente. C'est la condition, en particulier, de cette partie importante de l'agglomération parisienne qui se trouve comprise entre le boulevard Sébastopol à l'ouest, les anciens boulevards au nord, la rue de Turenne à l'est, la Seine au sud, où se presse, entassée, une population dont la densité, sur certains points, atteint et dépasse le chiffre de 1,000 habitants par hectare. On a, depuis quelques années, installé au sommet des égouts primaires, des réservoirs de chasse dont le fonctionnement apporte bien quelque remède à cette déplorable situation. Mais une ou deux chasses d'eau espacées de douze, plus souvent de vingt-quatre heures, — et on ne peut faire davantage, — ne constituent que des palliatifs insuffisants, tout comme le rabot et le balai du personnel, quelque nombreux qu'il soit, employé à ces curages.

En raison de leurs vastes dimensions, on ne peut entretenir dans les égouts primaires un courant d'eau continu, on n'en a pas les moyens. Il y faudrait employer peut-être la moitié, le tiers du débit de la Seine, divisée en un nombre infini de canaux. L'intermittence forcée du lavage s'ajoutant à l'excès de largeur a, nous l'avons dit, pour conséquence la stagnation des liquides et des débris impurs, stagnation propice aux fermentations nauséabondes et souvent dangereuses.

Cette violation d'une des lois essentielles et les mieux démontrées de l'hygiène est la règle fatale des branchements particuliers et des égouts primaires, — et ils représentent plus de la moitié du développement total du réseau. L'inconvénient s'atténue dans les égouts suivants, secondaires, tertiaires et autres. Les dimensions, heureusement, n'en croissent pas proportionnellement à leur rang hiérarchique, tandis qu'au contraire les apports de leurs affluents en augmentent le débit en le régularisant. Cependant, pour trouver réalisée d'une façon à peu près satisfaisante cette condition indispensable de salubrité, réclamée par tous les hygiénistes ; — dilution et circulation rapide, sans arrêt, des matières fermentescibles, — il faut arriver jusqu'aux collecteurs secondaires, tels par exemple, que celui du boulevard Sébastopol. A partir de là, l'eau coule en quantité suffisante et d'un mouvement continu. Les trois grands collecteurs enfin sont de véritables rivières. On s'explique très bien que la régularité imposante de leur débit, leurs dimensions grandioses, le fini de leur construction, tout cet ensemble excite l'enthousiasme des touristes que, dans la belle saison, on y promène en trains de plaisir. On ne leur montre pas le reste du réseau. On ne leur signale pas non plus la lenteur avec laquelle cheminent les bancs de sable dont est encombré le lit de ces artères magistrales ; on ne leur dit pas qu'en dépit des moyens de curage fort ingénieux auxquels on a recours, ils mettent plus de deux semaines à atteindre, Dieu sait en quel état, le terme de leur voyage.

On aime à comparer l'ensemble de la distribution d'eau pure et du réseau d'égouts à l'appareil circulatoire du sang chez les vertébrés. Il est flatteur, en effet, de penser qu'on a presque aussi bien fait que la nature dans une de ses plus ingénieuses organisations. Sans doute, — pour nous en tenir aux égouts, — les grands collecteurs figurent assez bien la veine cave apportant au cœur tout le sang, qui, après son passage à travers l'organisme, demande à être régénéré. Le ventricule droit sera, si l'on veut, figuré par la machine de Clichy, et nous consentons à admettre que l'épuration de Gennevilliers peut être comparée à celle qui s'accomplit dans les poumons. Mais on omet d'ajouter que le reste du système dans ses ramifications les plus profondes est distendu en varices démesurées, et que l'eau souillée, qui joue le rôle de sang veineux, s'y coagule et y pourrit définitivement, au lieu de circuler.

Telle est la situation actuelle. On l'aggraverait certainement de la façon la plus dangereuse pour la santé publique, si, sans modification du système défectueux que nous venons de signaler, on prétendait, aux souillures que reçoit déjà l'égout primaire, ajouter ce qui s'emmagasine dans les trop nombreuses fosses encore existantes.

Aucune des villes assainies que nous citions tout à l'heure ne possède d'égouts semblable à ceux que nous venons de décrire. Leur système est plus simple. Des tuyaux en fonte ou en grès vernissé, s'embranchant les uns sur les autres, et dont les diamètres vont croissant de 12 à 21 centimètres, suffisent à amener toutes les immondices d'une population de 5 millions d'individus aux grands collecteurs de Londres. C'est là que les rejoignent les eaux de pluie et celles de la voie publique, soit qu'elles aient leur canalisation spéciale, soit qu'elles s'écoulent à l'air libre par les ruisseaux des chaussées. Ces trois grands collecteurs de Londres, de forme circulaire avec des diamètres allant de 1m,20 à 3m,10, ont une longueur totale de 132 kilomètres. Les galeries principales qui y aboutissent, et dont le développement est de près de 300 kilomètres, sont d'étroits boyaux de forme ovoïde, ayant depuis 0m,60 jusqu'à 1m,10 de haut. C'est dans ces galeries que débouchent les derniers tuyaux de la canalisation. Par des dispositions de détail très simples, on s'oppose à l'introduction des corps volumineux, et on évite les engorgements. C'est beaucoup moins grandiose que nos égouts parisiens. Mais, en compensation, dans toute cette canalisation, depuis les plus humbles extrémités jusqu'aux émissaires principaux, l'impur liquide, le *sewage*, trouvant des vaisseaux proportionnés à son volume, est toujours en mouvement ; l'allure rapide dont il est animé le préserve de toute chance de fermentation et l'éloigné sans tarder des séjours habités.

Les dispositions prises à Berlin sont peu différentes. Dans chaque rue, devant chaque trottoir, une conduite de grès dont le diamètre varie de 22 à 45 centimètres, suivant l'importance de ses affluons, reçoit les conduites des rues aboutissantes et les branchements particuliers, lesquels consistent tout simplement en un tuyau, également en grès, de 16 centimètres de diamètre. Dans les rues les plus importantes, où l'afflux des eaux est assez considérable pour justifier cet accroissement de dimension, l'une des conduites est remplacée par un égout de forme ovoïde dont les dimensions varient en hauteur de 1m,20 à 2 mètres, et en largeur de 0m,80 à 1m,33. Ces sortes de petits collecteurs reçoivent une partie des eaux de la voie publique. Ils aboutissent à des machines qui refoulent les eaux dans des conduites de 0m,75 à 1 mètre de diamètre, jusqu'aux champs d'épuration situés à une distance moyenne de 15 kilomètres. A Bruxelles, il y a proportionnellement plus de petits égouts ovoïdes, et moins de tuyaux qu'à Londres, mais la loi de la circulation continue y est aussi bien observée. Partout, en Europe, comme aux États-Unis [6], les mêmes principes président et sont respectés ; le plus essentiel de tous, rappelons-le, c'est la proportionnalité du vaisseau à la quantité du liquide qu'il doit écouler, de façon à assurer la permanence et la continuité de la circulation. En revanche, on n'a cherché nulle part à imiter, même de loin, les égouts parisiens. Anglais, Belges ou Berlinois ne peuvent pas, il est vrai, loger commodément leurs conduites d'eau dans de spacieux souterrains toujours facilement accessibles. Il leur faut accrocher en l'air, au faîte des édifices, le réseau passablement enchevêtré de leurs fils électriques, et ils doivent se résigner à enlever les boues de la rue par les procédés antiques de la brouette et du tombereau. Mais leur égout fonctionne conformément à sa destination, et contribue, au lieu de la compromettre, à la prospérité de la santé publique.

Prenons-en donc notre parti : comme on l'a dit fort justement [7], il y a contradiction fondamentale entre les deux fonctions qu'on veut à Paris faire remplir aux égouts. Ils ne peuvent être à la fois des voies de circulation et des lits d'écoulement. Le système est défectueux par la base. On n'arrivera pas à le corriger, quelque ingénieux palliatif qu'on y emploie, et le mieux, c'est d'en changer complètement. Ce n'est qu'ensuite qu'on pourra songer à ce tout à l'égout, indispensable cependant à l'assainissement de nos demeures.

Il n'y a d'ailleurs rien à détruire. Les galeries actuelles continueront leur rôle d'auxiliaires de la voie publique. Sans gêner notablement les services qui y sont déjà installés, la nouvelle canalisation, ramifiée à toutes les sources d'immondices, publiques ou privées, peut, sans entraîner de difficultés majeures, y être logée, elle aussi. La pose en est simple ; elle peut être exécutée très vite ; elle est peu coûteuse relativement : autant d'avantages. Le radier actuel continuera à recevoir les eaux de pluie, les lavages des ruisseaux, et, si on veut, les boues et les détritus de la chaussée, désormais préservés des contacts corrupteurs qui les transformaient en une vase fétide. On se retrouvera dans les collecteurs pour continuer ensemble le voyage.

Section III.

Tout ne sera pas fini, quand par un réseau d'égouts, bien appropriés à leur destination, on aura éloigné de la maison et de la rue toutes les eaux usées. Qu'en fera-t-on ? Où iront-elles ? — Actuellement, une fraction du débit journalier du collecteur d'Asnières, cet intestin de Paris, suivant l'expression de Victor Hugo, est relevée par l'usine de Clichy, et envoyée à Gennevilliers : là, également, la dérivation, dite de Saint-Ouen, amène, par la pente naturelle, une certaine quantité des eaux du collecteur départemental. Mais c'est peu de chose. Le surplus de ces deux émissaires représente encore moyennement 300,000 mètres cubes en vingt-quatre heures. Il est rejeté dans la Seine. A partir de Clichy, ce courant fangeux se tient longtemps sur la rive droite, et on a pu comparer avec justesse cette moitié du fleuve à un égout à ciel ouvert. Les eaux en sont ternes, noirâtres, et recouvertes d'une couche graisseuse, dont l'écumage est, le croirait-on, l'objet d'une industrie régulière. Que fait-on de cette étrange récolte ? Les exploitants assurent qu'on se borne à la transformer en lubréfiant pour les roues de voiture. Croyons-les, par crainte d'approfondir. Le lit du fleuve s'encombre de bancs d'une vase noirâtre. Le service de la navigation est contraint de la draguer tous les ans, et, faute d'en savoir que faire, on l'emploie au rechargement des berges, en dépit de l'odeur fétide qui s'en exhale. Sous l'action du soleil d'été, une fermentation active fait bouillonner ces eaux corrompues ; des bulles énormes ayant quelquefois plus d'un mètre de diamètre s'élèvent du fond, viennent crever à la surface, répandant dans l'atmosphère ces gaz méphitiques qu'on désigne en chimie sous le nom caractéristique de gaz des marais. La présence de l'oxygène dans une eau est la marque essentielle de sa salubrité. Comme on peut croire, la Seine polluée n'en contient plus. Mais l'azote, qui est, au contraire, un signe d'infection, s'y dose à raison de 25 grammes dans 1 mètre cube, ce qui est énorme. En même temps, les germes microbiens trouvent là les conditions les plus favorables à leur pullulation. On les y compte par centaines de mille. A Saint-Denis, l'apport spécialement infect du collecteur départemental accroît encore la contamination. En aval de ce hideux affluent, le fleuve est, pendant longtemps, tapissé sur ses bords d'un limon gluant, hostile à toute végétation. Le poisson abandonne ces eaux devenues vénéneuses. Reportées sur la rive gauche par le barrage de Bezons, elles font déserter ces rives agréables, autrefois rendez-vous traditionnels de la gaîté dominicale. Cependant, la machine de Marly y puise sans scrupule les eaux, qui, aux monumentales fontaines du parc de Versailles, vont,

Là, s'épancher en nappe, ici monter en gerbes,

Et dans l'air s'enflammant aux feux d'un soleil pur,

Pleuvoir en gouttes d'or, d'émeraude et d'azur.

Les Naïades en gémissent, mais, après tout, leur immortalité les préserve de la contagion. Plus à plaindre sont les 40,000 infortunés mortels, auxquels, d'Argenteuil à Montmorency, la pompe d'Épinay distribuait, il y a peu de temps encore, ce détestable breuvage. L'Oise, heureusement, fait sentir enfin la bienfaisante influence d'un flot plus pur. A Poissy, à Mantes, on constate un relèvement appréciable de la teneur en oxygène, en même temps que la diminution de l'azote. Mais il en reste encore trop. A 86 kilomètres du grand collecteur, l'infection se reconnaît à des traces sensibles. La limite inférieure de son influence descend d'ailleurs d'année en année. On la retrouve aujourd'hui bien au-delà de Port-Villez, et le département de l'Eure pourrait joindre ses justes doléances à celles de Seine-et-Oise.

On a pu, avec grande vraisemblance, attribuer à cette pollution plus d'une épidémie, et notamment celle qui pendant l'été dernier a désolé les communes riveraines. L'eau qu'on leur donne est certainement malsaine et contaminée, et les amas vaseux laissés sur les bords, quand baisse le niveau du fleuve, fournissent, en se desséchant, des poussières morbides que le vent, complice inconscient, transporte partout. Menacés dans leur santé, les habitants sont encore atteints dans leurs intérêts, par l'inévitable dépréciation des propriétés, délaissées des amateurs de villégiature. Les plaintes très vives de toutes ces populations sont donc parfaitement justifiées, et on peut légitimement demander, suivant la forte expression d'un éminent hygiéniste, qu'on n'oblige pas plus longtemps la banlieue à boire les déjections de Paris.

Paris, il faut le dire, n'est pas le seul coupable, s'il est le principal. Sans remonter plus haut que Ville-Evrard, 22 égouts se déversent dans la Marne en amont du confluent de Charenton. Sur la Seine elle-même, entre Corbeil et Port-à-4'Anglais, on en compte 38. C'est à ces 60 bouches impures qu'il faut attribuer la qualité fort suspecte de l'eau puisée par les machines du service public. Même spectacle à l'aval. A peine, descendant le cours du fleuve, est-on sorti de Paris, qu'on rencontre de nouveaux tributaires d'eaux infectes. Le ru de Marivel apporte les eaux polluées de Sèvres, de Ville-d'Avray et de Versailles. Des collecteurs interceptent bien ensuite sur l'une et l'autre rive les égouts industriels et communaux. Mais ce qui est différé n'est pas perdu ; ces deux émissaires se déchargent à leur tour un peu au-delà de Puteaux. Neuilly, Courbevoie, Nanterre, Clichy, Asnières, Saint-Ouen, Levallois, en font tout autant. Plus en aval, il en est encore de même : *le tout à la Seine* est la règle de tous les riverains. Entre le Point-du-Jour et Mantes, ce fleuve infortuné sert ainsi d'exutoire à 93 égouts publics ou privés. — Ce déshonneur ne lui est pas spécial. Il en partage la honte avec tout ce qui, dans notre pays, peut s'appeler rivière.

Les cours d'eau constituent, avec les rivages de la mer, une des grandes catégories de ce que l'on appelle le domaine public. Ce domaine est inaliénable et imprescriptible, en considération de ce que, indispensable aux usages de tous, il ne pourrait, sans dommage pour la communauté, être confisqué au profit d'un seul. L'État veille avec un soin jaloux à son intégrité, et des lois de la période républicaine l'arment, pour en déterminer, revendiquer et défendre les limites, de pouvoirs considérables. Pourquoi s'en tient-on là ? Pourquoi, les rives du fleuve une fois tracées, laisse-t-on à qui veut, particuliers et communes, la licence d'en polluer les eaux ? La seule arme législative que possède l'État pour réprimer ce désordre est encore aujourd'hui un arrêté du conseil du roi, pris en 1777, et par lequel « défend Sa Majesté à tous riverains et autres de jeter dans le lit des rivières et canaux, ni sur leurs bords, aucuns immondices, pierres, graviers, bois, pailles ou fumiers, sous peine de 500 livres d'amende, et paiements des ouvriers employés aux enlèvements et nettoiements. » Une loi des 19-22 juillet 1790 a maintenu et confirmé cet arrêté. Le décret du 10 août 1875, réglementant la pêche fluviale, tout en le visant, en affaiblit plutôt qu'il n'en relève l'autorité. En fait, cet arrêté, qui, si on le voulait bien, contiendrait tout ce qui est indispensable, n'a jamais réussi à détourner un seul égout.

Dans une circonstance encore récente, contraint par le droit international et aussi par le sentiment de nos devoirs envers une nation voisine, le gouvernement a dû intervenir pour faire respecter les eaux de la petite rivière de l'Espierre, qui arrivait en territoire belge, chargée des résidus de l'industrie et de la population de Tourcoing. Il s'est heurté à des résistances dont il n'est venu à bout que par une transaction qui a mis à sa charge une lourde part des frais de l'assainissement, d'ailleurs encore incomplet, de la rivière. Il avait cependant prétendu s'appuyer sur l'arrêté de 1777. Il a pu s'apercevoir combien, faute d'usage sans doute, était rouillée et impuissante cette arme surannée, *telum imbelle sine ictu*. Des armes, il en demande : des commissions officielles ont formulé le vœu qu'il fût interdit aux communes aussi bien qu'aux individus d'altérer la pureté des eaux. Le conseil d'État a préparé sur le régime des eaux un important projet de loi qui, depuis bientôt douze ans, lait patiemment antichambre aux portes des pouvoirs législatifs. Le titre VII en est consacré aux eaux nuisibles. Il contient l'interdiction de jeter dans les cours d'eau des matières encombrantes et des immondices pouvant porter obstacle au libre écoulement des eaux, ou susceptibles de les rendre insalubres et impropres aux usages domestiques ; il n'admet le retour des eaux d'égout aux cours d'eau qu'après justification préalable de leur épuration. Il fournit aux communes le moyen de se procurer, par la voie de l'expropriation publique, les surfaces nécessaires à l'épuration par le sol, et cette disposition isolée a trouvé place dans la loi relative aux terrains d'Achères, que nous allons tout à l'heure rencontrer. Il faut rendre hommage à l'esprit de progrès et aux sentiments qui respirent dans le projet du conseil d'État. Il est digne d'un accueil plus empressé de la part du parlement. Peut-être, s'il était voté, l'État ne serait-il plus là, contemplant d'un œil placide les villes étagées sur les cours d'eau s'envoyer l'une à l'autre, de l'amont à l'aval, leurs fanges et leurs épidémies. Qu'il soit cependant permis d'exprimer le regret qu'au lieu d'accorder aux communes la faculté d'éloigner de la ville et d'épurer ensuite leurs eaux d'égout, le conseil d'État ne leur en impose pas l'obligation.

L'Angleterre a cruellement souffert de l'insalubrité. L'histoire garde la mémoire des ravages qu'exerça le choléra de 1832. Il y a moins d'un quart de siècle, le taux de la mortalité dans ses principales villes était plus élevé que dans la plupart des autres villes de l'Europe. Les patientes et méthodiques recherches d'une intelligente statistique qu'éclairait le flambeau de la science lui ont à la fois révélé le mal, ses causes et les remèdes. Créé en 1871, sous l'influence de ces constatations, le *local government Board*, que l'on pourrait appeler en français la *direction de l'assistance et de l'hygiène publiques*, obtenait dès 1875, des votes du parlement, la loi qui, sous le nom de *Public health act*, assure à la santé publique dans les Iles Britanniques une protection efficace. Cette loi impose aux villes et aux districts l'obligation de fournir aux populations une suffisante quantité d'eau potable et d'éloigner, en les épurant, toutes les eaux souillées. En cas de refus ou de négligence constatée, elle a pour principale sanction, outre les peines afflictives qui peuvent atteindre dans leurs personnes et leurs biens les membres des municipalités récalcitrantes, l'exécution d'office, par les soins du *local government Board*, et *aux frais des villes*, de tous les travaux jugés nécessaires par cette administration. La ville de Lincoln tenta un moment, par crainte de la dépense qui en devait résulter, de résister à l'injonction qui lui était faite d'installer un système d'égouts. Traduits devant *the court of queen's Bench*, ses magistrats virent bientôt qu'il y allait pour eux de la prison. Ils s'empressèrent de se soumettre. Lincoln est aujourd'hui pourvu d'égouts qui ont coûté 3 millions et demi. Le taux de la mortalité y est descendu de 22.7 à 15.4. Sa population était de 30,000 âmes ; elle est aujourd'hui de 50,000.

Et nunc erudimini, gentes, dirons-nous avec celui qui rapporte ces faits saisissants [8]. L'exemple est instructif. Il n'est, croyons-nous, si farouche partisan de l'autonomie communale qui en puisse contester la valeur. Libres nous voulons être : solidaires nous sommes, et, comme l'a dit Domat : « L'ordre qui lie les hommes en société ne les oblige pas seulement à ne nuire en rien par eux-mêmes à qui que ce soit, mais il oblige chacun à tenir tout ce qu'il possède en un tel état que personne n'en reçoive ni mal ni dommage. » Ajoutons qu'instructif, cet exemple est, en outre, facile à suivre. Nous ne manquons ni de savants ni de fonctionnaires qui ne demandent pas mieux que d'être les dignes émules des William Faw, des Edwin Chadwick, des docteur Frankland. Si nous avions, nous aussi, notre *Public health net*, avec ses efficaces coercitions, on aurait sauvé des milliers d'existences [9]. On aurait pu fermer les égouts qui, en amont de Paris, empoisonnent la Seine et la Marne, et le problème de l'approvisionnement de la capitale en eau potable eût été singulièrement simplifié. On n'eût pas non plus passé en essais, en tâtonnements, en mesures provisoires et incomplètes, ayant le caractère d'expédients momentanés, les cinq lustres qui se sont écoulés depuis qu'Alphand disait : « L'infection de la Seine doit cesser dans le plus bref délai. »

Section IV.

Éloignées de l'habitation par la voie de l'égout, les eaux souillées ne peuvent donc pas être projetées dans les cours d'eau, sans avoir, au préalable, subi une épuration qui les rende inoffensives. Mise en demeure par un arrêté ministériel de 1870, de pourvoir, en ce qui la concernait, à cette épuration, la ville de Paris a repris à ce moment et poursuit depuis lors les études entamées en 1865. Il y a là un problème considérable à résoudre, et, vérifiant la prophétie du baron Haussmann, la ville a déjà usé, à en chercher la solution, plusieurs générations d'administrateurs et d'ingénieurs. Les savants s'en sont mêlés : ils ont précisé les conditions dans lesquelles on se trouvait, le but que l'on devait atteindre, les moyens à employer. C'est bien à eux que l'on devra d'en finir.

Ce n'est pas que l'esprit d'invention n'ait fait de son mieux pour trouver le remède. Les commissions administratives ont eu à examiner et à apprécier plus de 500 procédés d'épuration chimique. Aucun, jusqu'à présent, n'a paru susceptible d'une application pratique de quelque importance. L'eau d'égout puisée au grand collecteur est d'une composition assez peu variable, mais en même temps fort complexe. Elle renferme, en effet, par mètre cube, 41 grammes d'azote, 774 grammes de matières organiques, 17 grammes d'acide phosphorique, 31 grammes de potasse, 351 grammes de chaux ; plus 1 kil. 334 de matières minérales. Ces dernières représentent, en grande partie, des sables et des détritus des chaussées, qui sont insolubles et se déposent promptement. Du surplus, la partie la plus notable est dissoute : le reste, composé de particules vaseuses extrêmement ténues, est dans l'eau à l'état de suspension et ne s'en sépare jamais complètement, même après un repos prolongé. Lechatelier, l'un des créateurs de nos chemins de fer, était un vaste esprit, s'intéressant atout ce qui avait un aspect scientifique. Sortant du cercle de ses travaux habituels, il étudia et recommanda l'épuration au moyen du sulfate d'alumine. Les expériences entreprises à son instigation, sur des volumes d'eau considérables, donnèrent des résultats, qui, par certains côtés, parurent d'abord satisfaisants. L'eau, après avoir reçu la solution de sulfate d'alumine, était maintenue au repos pendant un temps assez prolongé dans des bassins de décantation. Elle en sortait limpide et claire. Mais l'analyse chimique révéla qu'elle conservait encore en dissolution la moitié de l'azote et le tiers des matières organiques qu'elle contenait avant l'opération. Elle était clarifiée et non pas épurée. D'autre part, les dépôts boueux qu'elle laissait dans les bassins étaient d'une manutention pénible ; ils se desséchaient lentement, et n'étaient pas d'un pouvoir fertilisant assez grand pour tenter les cultivateurs, à qui on les offrait. Restés en amas, ils ne tardaient pas à fermenter et à répandre des odeurs repoussantes. On calcula enfin que l'application de ce procédé à la totalité des eaux d'alors exigeait la construction de bassins ayant ensemble une superficie de plus de 20 hectares.

La chaux a eu aussi son moment de succès. On a défendu ici même [10], avec autant de talent que de conviction, le procédé de clarification fondé sur son emploi. Il réussissait, disait-on, à l'usine d'Essonnes. Ce qui est praticable avec les eaux d'une fabrique de papiers, fût-elle aussi importante que celle-ci, n'a plus les mêmes chances de succès quand il s'agit de traiter en 24 heures 300 millions de litres d'eau souillée par tout un peuple. Comme le sulfate d'alumine, la chaux en solution, ce qu'on appelle le lait de chaux, est un clarificateur beaucoup plus qu'un épurateur. Sous son influence, la majeure partie des matières en suspension forme un dépôt boueux, volumineux et encombrant, dont on ne trouve pas l'emploi. L'eau qui s'en sépare est claire, mais elle contient encore une partie des matières organiques suffisante pour la rendre impropre à la vie. La ville de Leicester et celle de Leeds ont cependant pratiqué en grand le traitement du *sewage* par la chaux. Elles ont fini par y renoncer.

Tous les autres procédés ont donné des résultats analogues, et les municipalités qui, en diverses parties de l'Europe, en avaient entrepris l'essai, n'y ont pas persévéré. Je ne parle, bien entendu, que de ceux dont le point de départ était assez rationnel pour mériter l'attention. D'autres, innombrables, n'étaient que des combinaisons plus ou moins mystérieuses des réactifs les plus inattendus, et sont tombés dans un oubli mérité. On a été, — c'est presque incroyable, — mais Le vrai peut quelquefois n'être pas vraisemblable, jusqu'à proposer de congeler les eaux d'égout dans une immense usine frigorifique et de transporter toute cette glace en Russie, pour l'y employer comme engrais. Pourquoi en Russie ? C'était, sans doute, pour allonger le voyage. En effet, 400,000 tonnes de glaces par jour, quel élément de trafic pour la marine et les chemins de fer ! On n'a cependant pas voulu en tenter l'essai.

L'oxygène, qui est l'élément actif de l'atmosphère, est aussi le principe de toute combustion. Quand on dit que le feu purifie tout, c'est au rôle de l'oxygène dans la nature qu'on rend hommage. Répandu partout, pénétrant par tous les pores dans l'écorce terrestre, soluble dans les eaux, il fait partout sentir son action, et recherche pour s'unir à elles toutes les substances pour lesquelles il est doué d'affinité. Cette union a tous les caractères et les effets de la combustion. Même lorsqu'elle se produit au sein des eaux, elle n'est pas sans chaleur. D'autre part, les êtres en nombre presque infini qui constituent le monde organique, les animaux, les végétaux, ont pour éléments principaux de leurs tissus le carbone et l'hydrogène unis à l'inerte azote. La vie en provoque et maintient les combinaisons variées. Cesse-t-elle, les temporaires associations moléculaires qui constituaient la matière organique sont dissoutes. L'oxygène purificateur intervient. Il s'empare de l'hydrogène, du carbone ; il en fait de l'eau, de l'acide carbonique : même, sous certaines influences, il parvient à vaincre l'indifférente inertie de l'azote. De ce qui a eu vie, l'oxygène refait ainsi de nouveaux composés qui appartiennent à l'ordre minéral. Ils y rentrent, jusqu'à ce que l'infatigable nature, les reprenant dans ce réservoir, toujours vidé, toujours rempli, en refasse les éléments de nouveaux organismes.

La nature ne fait, patiente ouvrière,

Que dissoudre et recomposer... [11].

Au contraire, à l'heure où se dissocie la matière organique, l'oxygène est-il absent ? Est-il en insuffisante proportion ? La nécessaire transformation ne doit pas moins s'accomplir. Mais les phases en seront plus complexes. Sous l'influence des ferments invisibles, entre les éléments de la matière organique, d'autres combinaisons se forment, ammoniaque, gaz hydrocarbures ou sulfhydriques, qui se disséminent et se répandent, recherchant cet oxygène absent, nécessaire à leur définitive évolution. Jusqu'à ce qu'ils l'aient trouvé, ils restent des produits délétères, et les substances dont ils sortent se montrent favorables à la pullulation de ces microbes dangereux, qualifiés d'*anaérobics*, ennemis de l'oxygène, et entre lesquels se comptent par milliards les germes des contagions funestes à la vie.

On le voit donc : l'eau sera saine, si elle contient à l'état de dissolution une quantité d'oxygène suffisante pour opérer la combustion des matières d'origine organique qui y sont introduites. Malheureusement, la quantité de ce gaz bienfaisant que l'eau est apte à dissoudre est fort limitée. On en trouvera rarement plus qu'un centième de litre dans un litre d'eau de rivière, quoique au laboratoire on puisse en dissoudre un litre dans 21 litres d'eau distillée. Mais cette faible proportion est souvent suffisante. Cette propriété purifiante de l'oxygène explique pourquoi l'empereur Julien trouvait délicieuse et d'une pureté parfaite cette même eau de Seine qui excite si fort aujourd'hui nos soupçons. Lutèce, certainement, pratiquait le tout à la Seine, plus encore que le Paris d'aujourd'hui. Mais tout est affaire de proportion. Le fleuve ayant au moins le même débit autrefois qu'aujourd'hui, son oxygène suffisait à détruire presque aussitôt les quelques litres d'immondices qu'y jetaient les habitants peu nombreux de ce que Julien traite de bourgade. Il n'en va pas de même avec l'énorme flot d'impuretés qui s'élance des gigantesques vomitoires de Clichy et de Saint-Denis.

Cependant, même encore aujourd'hui, si la Seine est en crue, si elle débite, comme cela lui arrive assez souvent en hiver, 1,000 à 1,100 mètres cubes à la seconde, ce qui est la limite au-delà de laquelle commencerait le débordement, la quantité d'oxygène contenue dans ce vaste flot a assez promptement raison des souillures des 5 mètres cubes que, dans le même espace de temps, y jettent les égouts. Mais, en temps d'étiage, régime fréquent de l'été, la Seine peut ne pas débiter plus de 78 mètres cubes ; ce n'est plus 200 fois, c'est seulement 16 à 17 fois le volume de l'eau d'égout. L'oxygène disponible est rapidement consommé. Il est impuissant à purifier une telle masse, et alors c'est la putréfaction avec toutes ses conséquences.

Sans doute, en aérant autant que possible les conduits où circulent les eaux infectées, on fournit à celles-ci le moyen de dissoudre continuellement de nouvelles quantités d'oxygène. Mais c'est loin de suffire. Que faire alors ? Le jour viendra peut-être où la chimie trouvera le moyen d'incorporer directement à l'eau d'égout assez de ce gaz régénérateur pour en assurer à l'instant la purification. Un chimiste distingué, chercheur infatigable, s'y est essayé, sans y réussir encore.

Mais ce qu'on ne peut pas obtenir aujourd'hui dans les égouts eux-mêmes, ce contact intime de molécule à molécule, pour ainsi dire, de l'oxygène avec la matière organique contenue dans les eaux, l'épandage sur un sol perméable convenablement drainé donne le moyen de le produire. A la surface, et par conséquent directement exposées à l'action incessante de l'atmosphère, restent les particules insolubles les plus volumineuses. Leur oxydation n'est plus qu'une affaire de temps. Les plus impalpables pénètrent à quelque profondeur ; l'oxygène saura les retrouver. Plus bas enfin, descendent les eaux encore impures par le fait des substances en dissolution. Chaque particule terreuse s'imbibe, c'est-à-dire s'enveloppe d'une couche liquide infiniment mince, pellicule d'épaisseur moins mesurable encore que celle de la bulle de savon. L'eau présente ainsi une surface très étendue à l'action de l'air qui circule à travers tous les imperceptibles interstices de cette terre meuble : saisie par l'oxygène, la matière organique dissoute est rapidement détruite. L'azote lui-même, qui résiste à l'oxygène au sein des combustions les plus violentes de nos fourneaux, entre ici en combinaison. Il ne résiste pas à l'intervention des microbes, justement appelés nitrificateurs, dont le savant M. Schlœsing a découvert et précisé le rôle merveilleux. Grâce à eux, il devient acide nitrique. Il ne s'en tient pas là : en s'unissant à certains éléments également apportés par les eaux, il forme des nitrates, dont l'heureuse action sur la végétation est depuis longtemps connue. C'est ainsi que ce même azote, caractéristique de l'impureté de l'eau d'égout, donne aussi la mesure de son pouvoir fertilisant. — Détruits avec le milieu fermentescible qui leur était si favorable, les microbes anaérobies ont disparu. Il ne reste en définitive que des matières minérales inoffensives pour l'homme, mais éminemment propres à la nutrition des plantes.

Nous ne sommes pas encore à cette période probable de l'histoire, où les peuples par application du *struggle for life* se disputeront, les armes à la main, les nitrates et les phosphates indispensables à la culture. Mais les gisements de ces utiles minéraux vont s'épuisant, et dans un avenir qui n'est peut-être pas lointain, s'ils n'ont pas disparu, ils seront devenus rares [12]. Déjà la provision de guano accumulée séculairement sur quelques roches de l'Océan est presque entièrement consommée. Il semble donc raisonnable de ne pas négliger plus longtemps la ressource que nous offrent les déchets de la vie, entraînés dans les égouts, et de rendre à la terre, sous forme d'engrais, ce que nous en avons reçu sous forme d'aliments.

Comme on le sait, c'est, principalement par la teneur en azote que s'apprécie la valeur fertilisante d'un engrais, sa richesse, suivant une expression fort juste. Cette richesse varie notablement. Elle dépend, en effet, de celle des aliments consommés par le bétail, l'azote ne faisant guère que traverser l'appareil digestif. Le fumier de la célèbre ferme anglaise de Rothamstead en renferme 6 kil. 38 par mètre cube : celui de nos exploitations rurales de l'Est n'en contient guère que la moitié. Les savants, que l'intérêt du sujet fait passer par-dessus certaines répugnances, ont établi que le Paris d'aujourd'hui, avec ses 2 millions et demi d'habitants, devait, en tenant compte de tout, bêtes et gens, restituer chaque jour 40,000 kilogrammes d'azote. Il s'en perd et beaucoup. On n'en trouve pas plus de 14,000 kilogrammes dans les eaux des égouts actuels. C'est un peu plus de 34 grammes par mètre cube. Cette proportion serait probablement doublée si, sans augmenter le volume d'eau disponible, on réalisait le tout à l'égout. Cent mètres cubes de l'eau d'égout d'aujourd'hui ont donc sensiblement la même valeur fertilisante qu'un mètre cube de fumier des campagnes lorraines. On y retrouve d'ailleurs également, et dans une proportion analogue, l'acide phosphorique et la potasse. L'eau d'égout est un engrais complet. Même, il est plus favorable qu'aucun autre, car la grande masse d'eau dans laquelle sont disséminés les principes fertilisants en facilite la répartition dans les tissus végétaux.

La cinquième partie à peine de l'eau épurée par le sol descend bien, en effet, dans les profondeurs, et par les drains va, sans leur causer de tort, se mêler aux ruisseaux et aux rivières. Mais le reste, les quatre cinquièmes, circule dans les multiples vaisseaux des plantes, leur apportant les éléments de fertilité. Ce rôle accompli, cette eau quitte la plante ; elle s'évapore. Vapeur légère, elle s'élève dans les hauteurs de l'atmosphère, y devient nuage ;

Comme un mirage errant, il flotte et il voyage.

Coloré par l'aurore et le soir tour à tour,

Miroir aérien, il reflète au passage

Les sourires changeants du jour[13].

La brise le pousse ; il arrive aux collines de Champagne, s'y résout en pluie. A travers les mille chemins que lui offre la craie fissurée, l'onde accourt aux sources ombreuses de la Vanne. La voici dans l'aqueduc : de nouveau, la voici à Paris. Elle s'y retrouve, brillante et claire, avec les fruits et les légumes, luxuriants produits des champs irrigués. Trop court instant de triomphe ! Bientôt, hélas ! transformés, déshonorés, il leur faudra, reprenant ensemble le sombre chemin de l'égout, venir demander au sol une nouvelle purification.

Quand donc la chose meurt, tout ne meurt pas en elle,

Des débris de chaque Être, un nouvel être sort ;

Ainsi toute naissance est l'œuvre d'une mort [14].

Telle est la théorie, — si le mot n'est pas trop ambitieux, — de l'épuration des eaux par le sol cultivé. Personne n'en conteste plus les effets, démontrés, d'ailleurs, par de nombreuses applications.

Cependant, une objection a été faite, qui, si elle était reconnue fondée, devrait rendre très circonspect à l'égard de ce procédé, quelque efficacité qu'on lui trouve par ailleurs. — Elle est de nature à d'autant plus frapper qu'elle prétend s'inspirer des travaux et des découvertes de M. Pasteur. L'illustre maître a démontré, avec cette rigueur scientifique qui est le bon renom de ses méthodes, que les germes particuliers à certaines affections morbides, la flacherie des vers à soie, le charbon des bêtes ovines et la septicémie aiguë, pouvaient garder pendant fort longtemps leur vitalité. On les retrouve vivants dans le sang de leurs victimes. D'abord, sous forme de petits bâtonnets, ces germes infectieux se transforment, suivant la description même de M. Pasteur, en une sorte de poussière composée d'une foule de corpuscules de forme ovoïde, qu'on appelle des *spores*. Ces spores ont une force de résistance considérable. Ils peuvent se maintenir en terre pendant des années, toujours prêts à reprendre vie, aussitôt qu'ils seront introduits de nouveau dans un organisme.

Des savants considérables se sont alors demandé si les germes de toutes les maladies contagieuses ne subissaient pas cette même transformation, ne devenaient pas, eux aussi, des spores résistants à l'action de l'oxygène. Apportés par les eaux d'égout sur les sols épurateurs, loin d'y périr, ils s'y conserveraient ; bien plus, ils s'y accumuleraient, y deviendraient innombrables. Humides, ne peuvent-ils alors se coller aux racines ou aux feuilles des légumes et se réintroduire ainsi dans l'alimentation ? Desséchés par le soleil, ne peuvent-ils être dispersés par le vent dans toutes les régions de l'atmosphère et faire un poison de l'air que nous respirons ?

En fait, rien n'autorise à tirer de semblables inductions. Il ressort, au contraire, de nombreuses expériences, qu'il y a de grandes distinctions à faire, au point de vue de la ténacité de ce qu'on appelle leur vie, entre les microbes des différentes maladies. Ceux du charbon et de la septicémie aiguë sont vivaces : mais dans les terres qui recouvrent les restes des bestiaux, victimes d'épizooties, on n'a jamais pu retrouver les germes de la peste bovine, de la péripneumomie contagieuse, de la clavelée, de la morve, etc., germes cependant très virulents pendant l'existence de l'animal qui en est atteint, mais qui périssent avec lui. Il est permis de croire qu'il en est de même pour ceux encore mal connus de la fièvre typhoïde, du choléra et des autres fléaux, plus particulièrement réservés à l'humanité. D'une manière générale, d'ailleurs, et les expériences de M. Pasteur lui-même le démontrent, l'aération prolongée et la dilution atténuent la vitalité des virus. Dans l'un et l'autre cas, c'est sans doute encore l'oxygène, le bienfaisant oxygène qui agit. Plus on laisse se prolonger son action, plus s'accentue l'atténuation, et on arrive graduellement à éteindre ainsi toute l'activité virulente.

Comme l'épandage ne peut avoir lieu utilement que si les matières organiques sont diluées dans une grande masse d'eau, et que son effet est de les mettre en contact avec de considérables quantités d'oxygène, on peut donc être rassuré, même si, contre tous les faits déjà acquis, on continuait à croire à la permanence de la vie chez ceux des germes morbides que l'homme a, le plus, à redouter. S'ils ne sont pas détruits, ils seront certainement atténués. Qui sait même si, la salutaire action se prolongeant, de virus ils ne vont pas devenir vaccins ?

Les précautions à prendre s'indiquent d'elles-mêmes : diluer le plus possible, répandre sur des surfaces étendues et bien perméables les eaux à épurer, maintenir enfin la faculté épuratrice du sol en lui enlevant par la végétation les matières fertilisantes qu'on y accumule. A ces conditions, nul danger. M. Pasteur lui-même l'a déclaré, en 1885, à la commission de la chambre des députés où s'agitait la question [15].

Section V.

Ces considérations doivent dominer, et de beaucoup, les conclusions tirées d'expériences de laboratoire, plutôt faites en vue de la recherche scientifique que de l'application pratique. Le docteur Frankland, qui a été l'agent actif de l'assainissement de l'Angleterre, avait trouvé qu'un mètre cube de sable épurait en un jour 25 litres du *sewage* de Londres. On en concluait qu'un sol de 2 mètres de profondeur pouvait recevoir quotidiennement 50 litres de *sewage* par mètre superficiel, soit sur un hectare en un an une couche d'eau de 18 mètres ; avec un sol perméable jusqu'à, la profondeur de 3 mètres, la couche d'eau possible aurait donc été de 27 mètres. Certaines expériences ont été suivies, pendant quelque temps, à Clichy et à Gennevilliers, qui ont donné des résultats comparables à ceux de Frankland. On a eu probablement le désir, après tout fort explicable, par une pensée naturelle d'économie, d'y trouver la démonstration qu'avec de très petites surfaces on pourrait épurer la masse d'eau que vomit l'égout. Il a fallu battre en retraite devant l'émotion, instinctive peut-être, mais très juste, de l'opinion. On a aujourd'hui des prétentions beaucoup plus modestes.

Le docteur Frankland a d'ailleurs été le premier à le déclarer : « Quand on transporte dans la pratique un résultat acquis dans le laboratoire, il faut toujours se rappeler que l'application en grand ne saurait réaliser les conditions qu'il est facile d'observer dans l'expérience en petit. » C'est là une observation commune à tous les genres de recherches : elle est de mise ici, encore plus qu'ailleurs, en raison même de la disproportion qui existe entre le tube de verre de 25 à 30 centimètres de diamètre dans lequel les expérimentateurs arrosent méthodiquement, à l'aide de l'éprouvette graduée, quelques grains de sable, et les vastes surfaces sur lesquelles il faut répandre à grands flots des centaines de millions de litres.

C'est en 1868 que l'épuration des eaux d'égout débute modestement à Clichy, sous la direction de M. Mille et de Durand-Claye. Une locomobile de 4 chevaux envoyait chaque jour sur un champ d'un hectare et demi 500 mètres cubes d'eau puisés dans la bouche même du grand collecteur. Les résultats furent satisfaisants. Les cultures maraîchères donnèrent des produits abondants, et dont la qualité fut appréciée lorsqu'ils affrontèrent le jugement des halles. On s'enhardit ; l'expérience, transportée de l'autre côté de la Seine, sur 6 hectares de la plaine de Gennevilliers, commença à attirer l'attention publique, et, ce qui valait mieux au point de vue des résultats, quelques cultivateurs. En 1876, l'arrosage s'étendait sur 150 hectares, avidement recherchés par une clientèle croissante de maraîchers, de jardiniers et de nourrisseurs. Les légumes poussaient abondants et continuaient à être bien accueillis sur les marchés. On récoltait 80,000 kilos de betteraves fourragères à l'hectare. Les prairies donnaient cinq coupes. Le pays s'enrichissait : on se disputait le liquide fécondant. L'eau d'égout

.... se partage en fertiles rigoles ;

Ses noirâtres filets sont autant de Pactoles.

D'ailleurs nulle odeur incommode ou nuisible. Cependant toute nouveauté fait inévitablement tort à quelques intérêts. Le préjugé, en outre, s'en mêlant, une opposition assez bruyante s'éleva contre l'irrigation et trouva un appui auprès des autorités locales. Le maire de Gennevilliers prétendit s'opposer à la construction, alors en train, d'une nouvelle conduite. Même, un jour, ne fit-il pas emprisonner les agents des ponts et chaussées !

Des enquêtes multipliées eurent lieu qui tournèrent à la gloire de l'irrigation. La fièvre paludéenne qu'on l'accusait de propager n'existait pas. Le relèvement de la nappe des eaux souterraines n'était pas de son fait. Il était attribuable, en partie, au barrage de Bezons, qui a haussé de 2 mètres le niveau du fleuve. Ce relèvement d'ailleurs n'atteint pas le plan des drains par lesquels s'écoule l'eau épurée. Ce breuvage, que les ingénieurs de la ville aiment à faire déguster aux nombreux visiteurs, est d'une pureté absolue. M. Pasteur en a témoigné, et le scrupuleux microscope du directeur de Montsouris n'y a découvert qu'une douzaine de microbes de l'espèce la plus anodine. La valeur des terres avait sensiblement augmenté ; ce que l'on louait jadis 100 francs l'hectare trouvait maintenant, sans peine, preneur à 400 francs. Propriétaires et fermiers répondaient ainsi d'une façon péremptoire à ceux qui contestaient le bon effet des eaux d'égout, au point de vue du rendement des terres.

Les résultats constatés alors ont continué à recevoir du temps une constante consécration. L'emploi des eaux d'égout se fait sur près de 800 hectares. On voudrait en recevoir plus encore. La municipalité de Gennevilliers ne fait plus incarcérer ceux qui les distribuent. Elle demande au contraire, — et elle l'a obtenu par traité régulier, — que cette source de richesse reste pendant douze ans encore, sinon plus, assurée à ses habitants. Le nombre de ceux-ci augmente d'année en année ; ils étaient 2,000 en 1869 : ils sont aujourd'hui près de 5,000, leur santé est excellente, et leurs charrettes, en grand nombre, viennent chaque nuit apporter aux marchés de Paris fleurs, fruits, légumes et laitages, qui se vendent avec grand profit.

Savants, agronomes, ingénieurs, le déclarent : l'irrigation est aujourd'hui le seul procédé efficace d'épuration : c'est le seul qui puisse, répondant aux plaintes légitimes des riverains, délivrer la Seine du déplorable tribut qu'on l'oblige à recevoir. Mais l'œuvre est immense : Gennevilliers, où la surface irrigable atteindra difficilement 1,000 hectares, n'y saurait suffire. On s'en inquiétait dès 1874, au moment même où triomphait le principe de l'irrigation. C'est alors que pour la première fois on prononça le nom d'Achères.

Les fermes, tirés et bois compris sous la dénomination générale de Garennes d'Achères, forment l'extrémité nord de la forêt de Saint-Germain. Elles commencent à 2 kilomètres du château de Maisons, et s'étendent, limitées par la rive gauche de la Seine, sur toute la pointe de la presqu'île jusqu'à la route de Saint-Germain à Conflans. Leur borne à l'ouest est ainsi distante de 2 kilomètres du bourg d'Achères lui-même. L'altitude moyenne est de 30 mètres. Le déversement des eaux des drains dans la Seine est donc toujours assuré, même en cas d'inondation. Les terres consistent en alluvions reposant sur un calcaire très fissuré et peu consistant. Du fait même de cette constitution géologique elles se prêtent très bien à une abondante irrigation, tandis que, dans l'état actuel, elles sont plutôt regardées comme de qualité médiocre. Ce sont des biens domaniaux, et l'État n'en tire pas grand revenu.

On comptait d'abord pouvoir y disposer de 1,200 hectares. Mais il fallut en rabattre ; l'administration des forêts a revendiqué 300 hectares sous prétexte de futaies. On a dû aussi tenir compte, dans une certaine mesure, des frayeurs manifestées par le voisinage et des anxieuses réclamations qui ont accueilli le projet. Une épaisse zone boisée devra séparer les terrains d'Achères du parc de Mansart. Ces divers retranchements effectués, il restera une superficie de 800 hectares. Son affectation à l'irrigation a donné lieu à une convention entre l'État et la ville de Paris, ratifiée par une loi. Les terrains restent la propriété de l'État ; la ville n'en est pour le moment que locataire, et à des conditions assez onéreuses. L'entreprise est déclarée d'utilité publique, ce qui entraîne la faculté d'exproprier pour l'établissement de l'aqueduc. Cet ouvrage aura

15 kilomètres de long. Il est calculé de façon à pouvoir débiter au besoin 3,750 litres à la seconde, c'est-à-dire 323,000 mètres cubes en vingt-quatre heures. — Cependant, la loi a limité à 40,000 mètres cubes par hectare la quantité maxima d'eau d'égout qui pourrait être épandue en un an sur les terrains des garennes. C'est 32 millions de mètres cubes annuels pour toute la superficie ; ce qui revient à une consommation journalière moyenne de 86,000 mètres cubes. Pourquoi alors vouloir donner à la conduite d'Achères la faculté d'en débiter près de quatre fois plus ? Espérons qu'on y a été déterminé par une prévision d'avenir dont il convient de louer la sagesse.

Comme on le voit, le projet actuel n'est pas aussi grandiose que le pourrait faire croire le bruit qui se fait autour de lui. — On pourra épurer au plus 32 millions de mètres cubes à Achères. Gennevilliers, quand on y disposera de 1,000 hectares, ce qui n'est pas encore réalisé, pourra en utiliser de 40 à 50 millions. — C'est 72 à 80 millions, tout au plus, et le volume actuel est de près de 146 millions. Il sera demain de 175 millions quand la déviation de l'Avre sera terminée. Dans un avenir prochain, il sera de 220 millions, quand on se sera décidé à pourvoir aux nécessités qui commencent à se manifester. On ne va donc, sur les champs d'irrigation, utiliser aujourd'hui que la moitié et demain que le tiers du débit futur. Que fera-t-on du reste ? Continuera-t-on à le déverser dans la Seine ? Il n'y faut pas penser. La seule conclusion possible est qu'Achères n'est qu'un acheminement vers la solution complète. On paraît compter sur les demandes d'eau d'irrigation que pourront faire les habitants des communes traversées par la conduite, Asnières, Colombes, Argenteuil, Houilles, Sartrouville, Achères elle-même. Il y a là, en effet, un territoire de près de 6,000 hectares. Mais toutes les parties n'en sont pas accessibles à l'irrigation, et nombre de propriétés n'y sont pas à l'état de cultures agricoles. Au lieu de s'en tenir à de simples espérances, ne vaudrait-il pas mieux consolider par des traités en règle ce qui n'est encore qu'à l'état de promesse ou de demande plus ou moins précise ? Il conviendrait aussi de tenir compte de diverses circonstances dont le résultat doit être une augmentation notable des superficies à offrir à l'épandage. Les pratiques culturales ne comportent pas un arrosage quotidien constant, comme celui qui s'exécute au sommet du tube des expérimentateurs. Il faut tenir compte des jours de pluie, de ceux où, avant ou après les façons à donner, ou les récoltes à faire, on laissera, comme on dit, le sol se ressuyer et se raffermir. D'autre part, le ralentissement de la consommation pendant la saison d'hiver est aussi à considérer, tout en n'étant pas à redouter autant qu'on l'a dit. L'eau d'égout est remarquable par la constance de sa température. En hiver, quelque froid qu'il fasse, on ne l'a jamais vue descendre au-dessous de 5 degrés. L'eau d'égout peut donc circuler en hiver comme en été. Elle peut même apporter au sol une chaleur utile dans certains cas. En fait cependant, à Gennevilliers, la consommation d'été est deux fois et demie plus considérable que celle de l'hiver. Enfin, le débit journalier de l'égout est lui-même variable, et dans d'assez fortes proportions, nous l'avons vu. Il faut être à son aise pour pouvoir l'utiliser complètement, même aux jours de surabondance. On n'y peut arriver qu'en disposant d'étendues irrigables largement calculées.

La règle la plus prudente, celle qui satisferait le mieux cette théorie de la restitution à laquelle on demande de couvrir de son ombre protectrice le nouveau projet, consisterait à proportionner les volumes d'eau épandue aux besoins des diverses cultures. Ces besoins sont connus. Les agronomes ont déterminé depuis longtemps les quantités de matières fertilisantes nécessaires aux plantes. En les comparant aux éléments de l'eau d'égout d'aujourd'hui, on trouve qu'il faut de celle-ci 80,000 mètres cubes aux prairies, la moitié aux cultures maraîchères, le dixième seulement aux céréales. — Le jour où on réaliserait le tout à l'égout, sans augmenter notablement le volume des eaux, l'accroissement de leur teneur en azote obligerait à réduire probablement de moitié les chiffres qui précèdent. Et alors, écartant, pour le calcul, le cas des terres à blé, admettant que les surfaces irriguées soient moitié à l'état de cultures maraîchères, moitié en prairies, c'est dans le premier cas à 3,000 hectares, et à 6,000 dans le second qu'il est prudent d'évaluer les surfaces nécessaires. C'est encore avec des proportions beaucoup plus faibles que la ville de Berlin pratique avec un succès remarquable, et le tout à l'égout et la fertilisation des sables stériles de son domaine agricole. — On aime à le rappeler, — c'est à Paris que les ingénieurs et les magistrats de Berlin sont d'abord venus étudier cette double et connexe question. Ils ont vu nos égouts. Ils ne les ont pas imités ; ils ont employé de modestes conduites en poterie. Après avoir visité Gennevilliers, ils ont réglé à 13 ou 14,000 mètres cubes par hectare la dose annuelle de leurs épandages. Ils s'en trouvent bien et continuent. A notre tour, nous aurions peut-être raison, sans les imiter servilement, de nous inspirer de leurs exemples, de calculer largement les surfaces nécessaires, de les choisir, de les désigner. S'arrêter à Achères, pourquoi ? On n'est pas sûr des dispositions des agriculteurs du voisinage. La campagne très vive menée en Seine-et-Oise contre le projet d'Achères aura très probablement pour effet de rendre les défiances plus grandes, les hésitations plus prolongées. — La situation ne permet pas d'attendre. — Sans donc faire plus de fonds qu'il ne faut sur le concours éventuel de l'agriculteur, il conviendrait peut-être que la ville de Paris prît dès maintenant ses mesures pour pousser jusqu'au bout et assurer, à bref délai, l'épuration de toutes ses eaux. Les terrains perméables propres à cette destination ne manquent pas. Un savant géologue, directeur des études de notre grande École des mines, en a signalé plus de 35,000 hectares. Au-delà d'Achères, entre les Mureaux et Mantes, on en trouve plus de 3,000. Pierrelaye-Méry, où la ville possède de vastes étendues, autrefois destinées à des cimetières, en offrent près de 5,000. Ce sont là des constatations de nature à nous rassurer, et qui permettent d'envisager dès maintenant une solution générale et complète.

S'y attacher contribuerait certainement à calmer les inquiétudes légitimes de la population parisienne, qui a l'instinct de ce qu'on devrait faire, et qui pressent que ce qui va être fait n'aura, une fois de plus, que le caractère d'un insuffisant palliatif. Ne serait-ce pas aussi se rencontrer, en quelque sorte, sur un terrain de conciliation avec le groupe nombreux d'hommes considérables, qui parle du canal de Paris à la mer. Aller tout simplement déverser les égouts de Paris quelque part sur un de nos rivages maritimes serait d'abord une œuvre d'une exécution coûteuse ; il ne faut pas croire ensuite que cette énorme masse d'eau résiduaire serait immédiatement diluée par la vague. On sait combien les fleuves sont lents à s'évanouir dans ce qu'on a appelé l'infini de la mer. Deux liquides réunis dans le même vase ne se mélangent pas nécessairement. Il faut pour cela l'intervention d'une force extérieure dont l'intensité doit être en rapport avec les masses à brasser. On peut s'en rendre compte par une foule d'expériences très simples. Dans l'Océan les ondes se déplacent très lentement, se succédant dans leur marche, sans jamais se confondre. Le *Gulf Stream* ne se mêle point à ses rives liquides ; la Mer des sargasses reste confinée au milieu de l'Atlantique, comme un véritable lac. Des vols d'insectes, hannetons et sauterelles, tombent quelquefois sur la mer, en couvrent une certaine étendue, et se déplaçant avec l'onde même qui les a d'abord reçus, arrivent fort loin sans être dispersés. Une lame énorme est venue un jour jeter sur les plages de l'île de la Réunion un amas de pierres ponces qui furent reconnues provenir d'un des nombreux volcans de Timor, situé à plus de deux mille lieues. Faisant en quelque sorte corps avec la lame même sur laquelle le volcan les avait vomis, ces débris flottants avaient, avec elle, traversé la vaste étendue de l'Océan indien.

En attendant donc la rare occasion d'une tempête assez violente pour les mélanger aux flots de l'Océan, les eaux d'égout s'étaleraient sur les plages, au gré du flux et du reflux ; et leur fermentation ne serait pas sans inconvénients ni même sans danger pour toutes les populations pressées sur le littoral. — On n'aurait fait que transmettre à d'autres le mal dont on ne veut plus souffrir soi-même. Le département de Seine-et-Oise serait débarrassé de l'infection : Dieppe et le Tréport seraient remplis de miasmes nauséabonds. — Mais cette pensée égoïste, si peu avouable, était loin, nous en étions sûrs d'avance, du cœur de ceux qui ont parlé du *tout à la mer*. Ce n'est pas à la mer en réalité qu'ils veulent porter les eaux des égouts de Paris, mais dans les dunes du littoral, qu'on chargerait de les épurer en se fertilisant elles-mêmes du même coup. On veut aller faire entre les embouchures de la Somme et de l'Authie ce qu'on fait déjà en partie à Gennevilliers, ce qui va se continuer à Adhères, ce pour quoi on dispose dans un rayon peu étendu, autour de la capitale, de surfaces considérables. Il semble qu'on peut s'en tenir là, et confier à d'autres villes, plus favorablement situées à ce point de vue, le soin d'aller, de leurs eaux résiduaires, féconder les dunes picardes.

Pour nous, nous devons souhaiter que l'heure soit proche où la maison, la ville et le fleuve seront enfin assainis. — Donc : de l'eau en abondance pour la dilution des immondices ; une canalisation appropriée à leur évacuation immédiate, rapide, sans stagnation ; enfin de vastes surfaces consacrées à l'irrigation ; voilà ce qu'il faut avoir pour pouvoir réaliser le *tout à l'égout* et accomplir le programme des hygiénistes, devenu celui du conseil municipal et du gouvernement lui-même [16]. — C'est beaucoup d'argent, dira peut-être quelqu'un. — Préférez-vous la fièvre ?

Notes

1.   Voyez, dans la Revue du 15 septembre 1892, l'étude intitulée : l'Eau à Paris.

2.   Hauteur de la lame d'eau représentant la pluie tombée en 1889 :

La Monnaie	528 m/m.
Passy	516 —
Buttes-Chaumont	490 —
Saint-Victor	473 —
Panthéon	467 —
Monceau	448 —
Vaugirard	446 —
Ménilmontant	425 —

Moyenne, 489 m/m ; en hiver, 221m/m ; en été, 268 m/m.
Moyenne du nombre des jours de pluie, 119 ; en été, 60 ; en hiver, 59.

3.   Il est peut-être intéressant de constater la progression décroissante de la mortalité à mesure que s'exécutaient les travaux d'assainissement. En voici le tableau :

Années	Mortalité par 10,000 habitants	Années	Mortalité par 10,000 habitants
1880	205	1885	190

1881	198	1886	193
1882	196	1887	188
1883	195	1888	178
1884	195	1889	179

4.   Certaines grandes villes universitaires d'Allemagne sont, grâce à ce procédé, si bien préservées de la fièvre typhoïde, que, faute de cas, la clinique de cette affection a, pour ainsi dire, disparu de l'enseignement médical.

5.   Voyez la Revue du 15 septembre.

6.   L'une des plus complètes applications de ce système a été faite à Memphis (États-Unis) par le colonel Waring qui y a ajouté d'ingénieux perfectionnements.

7.   Vauthier, Commission de l'assainissement, 28 mars 1883.

8.   D'ordinaire, je ne crois pas utile d'indiquer, au bas de chaque page, les documents où je cherche à m'instruire des sujets que la Revue veut bien me permettre d'exposer à ses lecteurs. Je demande cependant à faire ici une exception et à signaler la petite brochure où j'ai puisé ces faits. Elle est intitulée : les Mesures sanitaires en Angleterre depuis 1875 et leurs résultats, par M. Henri Monod, directeur de l'Assistance et de l'hygiène publiques. Ces quelques pages instructives fournissent une démonstration péremptoire des bienfaits de l'assainissement et de la nécessité pour nous de ne pas différer à la rendre obligatoire. L'éminent administrateur, qui les a écrites avec une conviction si élevée et un sentiment patriotique si pur, a rendu un véritable service à notre pays.

9.   Le projet de loi pour la protection de la santé publique déposé le 3 décembre 1891 sur le bureau de la chambre des députés s'est inspiré du Public health act. Mais quand le projet deviendra-t-il loi ?

10.   Voir, dans la Revue du 1er octobre 1880, l'Épuration et l'utilisation des eaux d'égout, par M. Aubry-Vitet.

11.   Mme Ackermann, le Nuage.

12.   Voir, dans la Revue du 15 août, les Phosphates dans

l'agriculture, p. 926, par M. A. Muntz.

13.   Mme L. Ackermann, le Nuage.

14.   Lucrèce, de Natura rerum, liv. Ier ; traduction de M. Sully-Prudhomme.

15.   Voyez le rapport de M. le docteur Bourneville, député. (Annexe au procès-verbal de la séance du 22 novembre 1886 de la chambre des députés, p. 97.)

16.   Voir la séance de la chambre des députés du 25 octobre 1892. Admission d'un amendement en ce sens, présenté par M. Trélat.

ISBN : 978-1721144990

www.ingramcontent.com/pod-product-compliance
Lightning Source LLC
Chambersburg PA
CBHW070926220526
45468CB00005B/1676